AF871288

ISBN: 979-8-9950851-2-6

Book Cover & Illustrations by Danika Runyan
Translation by Ben Frantz

Mi Librito Del Tiempo

A PRUEBA DE TORNADOS

Por Matthew Jones
Illustrated by Danika Runyan

Para mi pequeño tornado
e hijo, Grant.

A Leo le encantaba aprender sobre el tiempo. Esta semana, su clase en la escuela estaba estudiando las tormentas.
Su maestra, la Sra. Lily, les dijo: "El Servicio Meteorológico Nacional vigila los cielos día y noche. Si creen que puede haber tormentas, nos avisan enviando alertas y avisos.

Buscan condiciones que pueden crear tormentas peligrosas, como los tornados."

"¿Qué es un tornado?" preguntó Leo. "Un tornado", explicó la Sra. Lily, "es una columna de aire que gira a velocidades muy altas y forma una nube en forma de embudo que desciende hasta el suelo."

La Sra. Lily le dijo a la clase: "Recuerda, si un tornado se acerca, ¡mejor preparado que asustado!"

Leo estaba emocionado por contarle a su familia todo sobre las tormentas.

Cuando llegó a casa, dijo: "Cuando una tormenta eléctrica comienza a girar, se llama una supercélula. Los tornados pueden formarse bajo estas supercélulas."

Una tarde, la meteoróloga en la televisión anunció: "Se ha emitido una advertencia de tornado para nuestro condado."

"Una advertencia de tornado significa que el clima es el indicado para que se formen tornados," recordó Leo. "Tenemos que estar listos."

Leo y su familia prepararon su lugar seguro.

Era un baño en el nivel más bajo de su casa, lejos de paredes y ventanas.

Trajeron su kit de emergencia: una linterna, una radio de pilas,

agua, botanas, cobijas y un botiquín de primeros auxilios.

Leo agarró su casco de béisbol para proteger su cabeza y se puso loszapatos para proteger sus pies.

Leo recordó lo que había dicho la Sra. Lily: "¡mejor preparado que asustado!"

Más tarde, el cielo se puso de un color casi verde. Las nubes se veían oscuras y enojadas. La tormenta estaba cada vez más cerca.

De repente, sonó el teléfono de la mamá de Leo con una alertade tornado. Al mismo tiempo, escucharon un fuerte sonido afuera. "¡Alarmas de emergencia!" dijo papá. "Eso significa que el Servicio Meteorológico ha emitido un aviso de tornado."

“Un aviso de tornado significa que alguien ha visto un tornado o que ha sido detectado por un radar meteorológico”, dijo su mamá. “¡Vamos a nuestro lugar seguro!”

Leo les hizo caso a sus padres y todos se juntaron en el baño. Afuera, escucharon un fuerte rugido, como el de un tren.

La casa tembló. Se fue la luz.
Se quedaron en su lugar seguro hasta que pasó el peligro.

POLICE

Un poco después, salieron con mucho cuidado, Leo vio que el tornado había pasado cerca de su casa. Algunos árboles se habían caído cerca de las casas de los vecinos. Equipos de bomberos y policías estaban ayudando a la gente.

Si un tornado afecta tu casa, es importante escuchar a los adultos y esperar ayuda. No toques nada que esté roto.

Afortunadamente, su casa estaba bien. Leo se asustó un poco, pero luego recordó lo que había dicho la Sra. Lily: "¡mejor preparado que asustado!" Él se sintió seguro porque su familia tenía un plan y sabía qué hacer.

Leo no se asustó tanto porque estaba preparado para el tornado. Sabía que, aunque pueden ocurrir grandes tormentas, estar listo hace una gran diferencia.

Hablemos sobre cómo estar seguros contra tornados. Aquí tienes algunas preguntas para platicar con tus amigos y familiares:

1. ¿Cuál es la diferencia entre una advertencia de tornado y un aviso de tornado?

2. ¿Sabemos ubicar nuestra casa en un mapa?

3. ¿Tenemos alertas de emergencia activadas en nuestros teléfonos?

4. ¿Cuál es nuestro lugar seguro en casa?

5. Si no estamos en casa, ¿sabemos dónde está el refugio más cercano?

6. ¿Qué debemos llevar a nuestro lugar seguro contra tornados?

7. ¿Qué debemos hacer si hay un aviso de tornado mientras estamos en la escuela?

8. ¿Puedes completar la frase? ¡Mejor __________ que asustado!

Encuentra las respuestas a estas preguntas y más información sobre tornados en www.myweatherbook.com

www.ingramcontent.com/pod-product-compliance
Lightning Source LLC
LaVergne TN
LVHW070626061126
851857LV00002B/23
* 9 7 9 8 9 9 5 0 8 5 1 2 6 *